Berßel
Zilly
Athenstedt
Aspenstedt
Sargstedt
Nienhagen
Kroppenstedt
Emersleben
Groß Quenstedt
Klein Quenstedt
Wasserleben
Langeln
Danstedt
Schachdorf Ströbeck
Heudeber
Veckenstedt
Halberstadt
Adersleben
Heteborn
Schmatzfeld
Mahndorf
Holtemme
Wegeleben
Bode
Rodersdorf
Derenburg
Harsleben
Reddeber
Minsleben
Silstedt
Goldbach
Langenstein
Klussiedl
Hedersleben
Bohnshausen
Wernigerode
Hausneindorf
Gedenkstätte Zwieberge
Wedderstedt
Friedrichsaue
Benzingerode
Münchenhof
Ditfurth
Gatersleben
Heimburg
Börnecke
Nöschenrode
Regenstein
Selke
Michaelstein
Oesig
Blankenburg
Westerhausen
Nachterstedt
Schaubergwerk Büchenberg
Schlossberg
Morgenrot
Sankt Servatius
Hoym
Cattenstedt
Warnstedt
Timmenrode
Quedlinburg
Elbingerode
Hüttenrode
Teufelsmauer
Weddersleben
Gernsdorfe-Burg
Badeborn
Wienrode
Besuchsbergwerk 'Drei Kronen und Ehrt'
Baumannshöhle
Hermannshöhle
Rübeland
Thale
Neinstedt
Quarmbeck
Königshütte
Wendefurth
Rosstrappe
Asmusstedt
Aschersleben
Radisleben
Rieder
Altenbrak
Bode
Stecklenberg
Hexentanzplatz
Bad Suderode
Gernrode
Rappbode-Stausee
Harzköhlerei Stemmberghaus
Ballenstedt
Meisdorf
Opperode
Treseburg
Westernstadt Pullman City II
Ramberg
Hasselfelde
Friedrichsbrunn
Trautenstein
Wieserode
Allrode
Magdesprung
Pansfelde
Stiege
Bärenrode
Alexisbad

Ole Anders

Harz-Luchse

Die Rückkehr der Raubkatzen

Herausgegeben vom Nationalpark Harz

Mitzkat Verlag

Ivo und Kjell ist dieses Buch ebenso gewidmet, wie Irmgard und Dieter.
Besonders Ivo danke ich für die Geduld, die er mit seinem fotografierenden Vater hatte.
Kjell ahnt noch nicht, was auf ihn zukommt.

Bibliografische Information der Deutschen Nationalbibliothek
Die Deutsche Nationalbibliothek verzeichnet diese Publikation in der Deutschen Nationalbibliografie; detaillierte bibliografische Daten sind im Internet über http://dnb.de abrufbar.

ISBN 978-3-95954-137-4

Herausgeber: Nationalparkverwaltung Harz

Gestaltung: Verlag Jörg Mitzkat
Verlag Jörg Mitzkat
Holzminden, 2023
www.mitzkat.de

Inhalt Luchse

Inhalt Harzlandschaft

Vorwort

In Mitteleuropa führte die intensive Verfolgung durch den Menschen zur nahezu vollständigen Ausrottung des Luchses. Bis heute ist es nur an wenigen Stellen gelungen, die Tierart wieder zurückzubringen. Dass die Harzer Luchs-Wiederansiedlung zum kleinen Kreis dieser erfolgreichen Projekte gehört, liegt nicht zuletzt an der Tatsache, dass sich hier seit nunmehr rund einem Vierteljahrhundert Jäger, Förster und Naturschützer sowohl in Niedersachsen und Sachsen-Anhalt, als auch in Thüringen und Hessen, wo mittlerweile Harzluchse leben, mit einem gemeinsamen Verständnis für diese Tierart einsetzen. Es wurden nicht nur Erfolge zusammen gefeiert, sondern auch Herausforderungen gemeinsam gemeistert. Unterstützt durch Wirtschaft und Tourismus, die längst das große öffentliche Interesse am Luchs erkannt haben, ist dieser inzwischen zu einem Botschafter des Harzes geworden. Luchse werden an Hauswände gemalt und als Skulptur in den Kurpark oder die Fußgängerzone gestellt. Man findet sie im Internet auf den touristischen Seiten des Harzes, und einige Harzer Firmen tragen die Tierart sogar im Namen.

Mit dem Luchs ist ein großer Beutegreifer in unsere Landschaften zurückgekehrt, der in natürlicher Weise Einfluss auf das Verhalten von Rehen und Hirschen nimmt. Er ist ein ökologischer Faktor, der in einem Waldnationalpark auf keinen Fall fehlen darf. In der Umweltbildungsarbeit des Nationalparks Harz spielt die Tierart daher ebenfalls eine große Rolle. An ihrem Beispiel erklären wir unseren Besuchern Zusammenhänge im Ökosystem.

Es liegt allerdings noch viel Arbeit vor uns, um die jetzt in Mitteleuropa vorhandenen, teils sehr kleinen Luchspopulationen langfristig zu sichern sowie drohende Inzucht und damit deren erneutes Aussterben abzuwenden. Der genetische Austausch zwischen den Vorkommen muss hergestellt werden. Weitere Wiederansiedlungsprojekte können die Verbreitungslücken zwischen einzelnen Luchspopulationen verringern. Viele Jahre lang haben wir sowohl in der Öffentlichkeits- und Umweltbildungsarbeit für diese Tierart, als auch bei der praktischen Wiederansiedlung, der Erforschung, dem Monitoring und dem Management des Luchses umfangreiche Erfahrungen gesammelt. Im Austausch mit Kolleginnen und Kollegen im In- und Ausland stellen wir schon seit Jahren diesen Schatz an Informationen gerne zur Verfügung und freuen uns, wenn wir damit den erfolgreichen Verlauf zukünftiger Wiederansiedlungsprojekte unterstützen können.

Wir ermutigen alle, das Engagement zur dauerhaften Erhaltung des Luchses in unseren Wäldern ebenfalls aufzunehmen. Gemeinsam kann es gelingen, Europas größte Katze zu erhalten. Es würde mich daher sehr freuen, wenn dieses mit viel Hingabe und Aufwand entstandene Buch einen Beitrag dazu leisten kann, das Verständnis für den Luchs als wichtigen Teil unserer Ökosysteme zu steigern.

Dr. Roland Pietsch
Leiter des Nationalparks Harz

Einleitung

Die Natur und besonders Tiere faszinieren mich. Als Kleinkind hockte ich bevorzugt im Korb unserer Jagdhunde. Förster wollte ich schon werden, bevor ich überhaupt verstand, dass es so interessante Berufe wie Baggerführer oder Feuerwehrmann gibt. Schon mit 16 Jahren legte ich die Jägerprüfung ab und verbrachte so viel Zeit wie möglich draußen in der Natur. Nach der Schule studierte ich tatsächlich Forstwirtschaft, schrieb meine Abschlussarbeit über Wölfe in Polen, reiste nach Skandinavien, um Elche und Bären zu sehen und nach Grönland, um Moschusochsen und Wale zu erleben.

Einmal mitten in Deutschland mit großen Beutegreifern arbeiten zu können, habe ich mir jedoch nicht träumen lassen. Dass es dennoch so kam, war und ist für mich wie ein Sechser im Lotto. Als im Jahr 1999 die Entscheidung für die Wiederansiedlung des Luchses im Harz fiel, hatte ich gerade in ganz anderer Funktion einige Monate für den Nationalpark Harz gearbeitet und erhielt nun die Chance, das Projektteam zu verstärken. Mit riesigem Enthusiasmus nahm ich diese Herausforderung an. Ich war beteiligt an der Auswahl der Luchse, begleitete den Transport der Tiere in den Harz, hielt zahllose Vorträge, organisierte Ausstellungen und tat alles, was den Kollegen in der Nationalparkverwaltung half, das Luchsprojekt Harz voranzubringen.

Bis heute sammeln wir Daten, um die Entwicklung unserer kleinen aber inzwischen recht vitalen Luchspopulation zu dokumentieren. Wir beantworten Fragen aus der Bevölkerung, werten Luchshinweise aus, schreiben Artikel und verbringen dabei inzwischen sehr viel Zeit am Telefon und vor dem Computer. Wenn ich aber an einem klirrend kalten Schneetag mitten im Harz auf die Spur eines Luchses stoße oder in einer sternenklaren Winternacht unvermittelt den markanten Ruf der Raubkatze höre, der weit durch die ansonsten stille Landschaft schallt, dann ist dies elektrisierend. Sofort ist die alte Begeisterung geweckt, die Passion, der Spur des Jägers zu folgen, seine Geheimnisse zu erkunden. Die Anwesenheit eines Luchses bestimmt den Geschmack einer Landschaft soll der Journalist Horst Stern einmal gesagt haben. Recht hatte er.

Ich kann mich nicht mehr daran erinnern, wann ich den ersten Fotoapparat geschenkt bekam. Sehr gut erinnere ich mich aber noch an die gespannte Erwartung, wenn ich Tage nachdem ich eine Filmrolle zur Entwicklung gegeben hatte endlich einen Umschlag mit Papierabzügen aus dem Kaufhaus abholen konnte und an die Enttäuschung, die damit so oft einher ging, wenn die Fotos wieder einmal nicht so brillant und ausdruckstark waren, wie die Erinnerung an das Motiv. Die Begeisterung für die Fotografie begleitet mich viele Jahrzehnte. Sehr lange rangierte die Ausrüstung, die mir zur Verfügung stand, am unteren Ende der technischen Möglichkeiten, aber ich lernte damit, durch ein Objektiv zu sehen und lohnende Motive zu erkennen. Die Fähigkeiten, gute Motive auch gezielt in gute Bilder zu verwandeln, erwarb ich erst viel später, als digitale Kameras bezahlbar wurden und man auf dem Display technische und gestalterische Fehler sofort erkennen und schon bei der nächsten Kameraauslösung korrigieren konnte. Naturfotografie sei die Jagd nach dem richtigen Licht, habe ich unlängst gelesen, dem einen besonderen kurzen Moment, der uns Staunen macht, und den es festzuhalten gilt. Demnach sind also auch Fotografen Jäger – genau wie der Luchs.

Ole Anders

Der Harz

Wie eine bewaldete Insel erhebt sich der Harz abrupt aus der Tiefebene. Hier, in der Mitte Deutschlands, treffen die Regenwolken von der Nordsee zum ersten Mal auf Berge. Hohe Niederschläge zeichnen das nördlichste deutsche Mittelgebirge aus. In den Hochlagen zwischen dem Acker-Bruchberg-Höhenzug und dem Brocken gibt es daher zahlreiche Moore. Der Harz ist 2.200 Quadratkilometer groß. Rund zehn Prozent seiner Fläche sind als Nationalpark geschützt.

Auf dem höchsten Berg des Harzes, dem Brocken, ist das Klima so rau wie in Island. Er gilt als der windigste Berg Deutschlands. Aufgrund dieser Bedingungen ist die Brockenkuppe waldfrei und der Harz damit das einzige Mittelgebirge der Bundesrepublik mit einer natürlichen Waldgrenze. Der Harz verfügt über ausgedehnte Wälder, ursprüngliche Bachläufe und jahrtausendealte und gut erhaltene Moore. Die Menschen kommen hierher auf der Suche nach wilder Natur. Das galt auch schon für Johann Wolfgang von Goethe und Heinrich Heine, in deren Werken das Mittelgebirge eine nicht unbedeutende Rolle spielt. Gleichzeitig ist der Harz aber auch die älteste Bergbauregion für Silber, Kupfer, Blei und Zink in Europa. Mehr als 3000 Jahre lang wurden hier Erze abgebaut. Der Harz war ein industrielles Zentrum vom Mittelalter bis weit hinein in die Neuzeit. Von dem einstigen Reichtum der Region zeugen heute noch zahlreiche Burgen, Schlösser und Klöster. Das moderne Drahtseil und die „Fahrkunst“, eine Art Fahrstuhl zum schnellen Abstieg in die Schächte, wurden hier erfunden. Diese Zeiten sind jedoch inzwischen lange vorbei. Die meisten Bergwerke schlossen in den 1930er Jahren. Heute dienen die Relikte des Bergbaus eher dem Tourismus als der Industrie. Die „Oberharzer Wasserwirtschaft“, ein ausgeklügeltes Stauteich- und über 500 Kilometer langes Grabensystem, das Wasser zur Energiegewinnung bereitstellte, zählt zum UNESCO Weltkulturerbe. Das gleiche gilt für das ehemalige Bergwerk Rammelsberg und die Fachwerk-Altstädte von Goslar und Quedlinburg.

Der Bergbau veränderte die Harzlandschaft allerdings massiv. Holz wurde zur Verhüttung der Erze, zur Auskleidung der Gruben und zum Bau von Häusern und Wirtschaftsgebäuden in riesigen Mengen benötigt. Bereits im Mittelalter war die Entwaldung weit vorangeschritten und der ursprüngliche Buchen- und Mischwald weitgehend vernichtet. Ab dem 17. Jahrhundert trugen Harzer Forstleute im Dienste des Bergbaus viel zur Entwicklung einer nachhaltigen Forstwirtschaft bei. Wiederaufgeforstet wurde aber fast ausschließlich mit der schnell und gerade wachsenden Fichte. Großflächige, gleichaltrige und schadensanfällige Monokulturen waren die Folge. Zum Beginn des 19. Jahrhunderts vernichteten Stürme, Trockenheit und schließlich Massenvermehrungen des Borkenkäfers über 30.000 ha Fichtenforst. Etwas mehr als 200 Jahre später wiederholt sich dies aufgrund anhaltender Trockenheit in noch viel größerem Ausmaß. Über Jahrhunderte galt die Fichte als der charakteristische Baum des Harzes. Ob sie hier zukünftig noch auf gro-

ßer Fläche wachsen kann, ist ungewiss. Wald wird auf den zahlreichen Kahlflächen dennoch wieder schneller entstehen, als manche befürchten. Laubbäume wie die Buche werden dabei eine große Rolle spielen. Das Mittelgebirge ist dabei, sein Erscheinungsbild ein weiteres Mal radikal zu verändern.

Nach dem Zweiten Weltkrieg durchschnitt die innerdeutsche Grenze das 2.200 Quadratkilometer große Mittelgebirge. Hier standen sich für mehr als vier Jahrzehnte die Großmächte gegenüber und belauschten sich gegenseitig mit Spionageeinrichtungen auf den höchsten Harzbergen. Nach der Wende teilen sich heute die drei Bundesländer Sachsen-Anhalt, Niedersachsen und Thüringen das Gebirge.

Der Harz steckt voller Geschichte und Geschichten. Viele Harzer Sagen und Mythen ranken sich um Hexen, den Teufel und den Brocken – von vielen auch Blocksberg genannt. Tourismus und Forstwirtschaft gehören heute zu den wichtigsten Wirtschaftszweigen der Region. Große Stauseen liefern das Trinkwasser in die umliegenden Ballungszentren Hannover, Braunschweig, Magdeburg, Göttingen und sogar bis nach Bremen. Wer in der norddeutschen Tiefebene, in Holland oder Dänemark lebt und im Winter Skilaufen möchte, der kennt den Harz. Wanderer kommen hier hingegen das ganze Jahr über auf Ihre Kosten. Das Mittelgebirge ist außerdem ein Revier für Mountainbiker, Kletterer, Kanuten und andere, die seine reiche und vielfältige Naturausstattung genießen möchten. Zahlreiche Naturschutzgebiete bewahren die Besonderheiten der regionalen Fauna und Flora. Das größte Harzer Naturschutzprojekt ist jedoch der Nationalpark Harz, der sich von Herzberg ganz im Süden über die höchsten Lagen hinweg bis nach Ilsenburg an den Nordrand des Mittelgebirges erstreckt.

Der Nationalpark Harz

Der Nationalpark Harz ist Teil einer weltweiten Naturschutzidee. Es gibt Nationalparks in weit über einhundert Staaten in Amerika, Afrika, Asien, Australien und Europa. Alles begann, als 1872 der damalige US-Präsident Grant ein Gesetz unterschrieb, das das sogenannte Yellowstone-Gebiet in den Rocky Mountains wegen seiner außergewöhnlichen Schönheit und Naturausstattung vor der Ausbeutung durch Goldsucher, Pelztierjäger und Siedler schützen sollte. Um dies durchzusetzen, wurde die Leitung des Parks für etliche Jahre sogar der Armee anvertraut. Neben dem Erhalt des Gebietes stand aber von Anfang an auch das Erlebbarmachen der Natur und damit die Förderung des sanften Tourismus im Vordergrund. Die internationale Naturschutzorganisation IUCN benennt außerdem Wissenschaft, Forschung und Bildung als zentrale Aufgaben der Nationalparks. Anders als in klassischen Naturschutzgebieten, deren besonderer Zustand nicht selten auch mithilfe fortwährender Pflegemaßnahmen beibehalten wird, geht es in einem Nationalpark um den Schutz natürlicher Prozesse. Die Natur selbst soll das Gebiet gestalten, während der Mensch möglichst Beobachter bleibt. Weltweit sind Nationalparks damit zu Refugien seltener und bedrohter Arten geworden, von denen viele in den vom wirtschaftenden Menschen gestalteten Landschaften nur schwer oder gar nicht überleben können. Weltweit sind Nationalparkgründungen Ausdruck des Stolzes der Nationen auf ihr Naturerbe. Aber immer wieder werden die Naturschutzaufgaben der Nationalparks durch menschliche Nutzungsinteressen infrage gestellt.

Der erste Nationalpark Deutschlands wurde 1972 im Bayerischen Wald gegründet. Es folgten der Nationalpark Berchtesgaden und die drei Wattenmeer-Nationalparks. Aber erst nach dem Sturz des SED-Regimes in der DDR erhielt die Nationalparkbewegung in Deutschland starken Rückenwind. Ostdeutsche Naturschützer entwickelten Pläne für die Sicherung der wertvollsten und schönsten Naturlandschaften der DDR.

Kurz vor der Wiedervereinigung der beiden deutschen Staaten beschloss der Ministerrat der Regierung De Maiziere dann tatsächlich die Ausweisung von fünf Nationalparks. Einer davon der Nationalpark Hochharz. Das im neu entstandenen Bundesland Sachsen-Anhalt gelegene Großschutzgebiet beflügelte aber auch das benachbarte Niedersachsen, einen Harzer Nationalpark auszuweisen, was dann 1994 auch tatsächlich geschah. 2006 wurden die beiden Parks schließlich per Staatsvertrag zu einem länderübergreifenden Nationalpark Harz vereint.

Rund 250 Quadratkilometer und damit etwa 10% des gesamten Harzes umfasst die Fläche des Parks. Hochmoore, naturnahe Bergwälder, die zerklüfteten Flusstäler der Ecker, der Oder und der Ilse, Klippen und Felsformationen machen den besonderen Charakter des Schutzgebietes aus. Die ehemals militärisch genutzte Brockenkuppe wurde von Stacheldraht und Betonmauern befreit. Entwässerungsgräben in den Mooren mussten geschlossen werden. Zahllose junge Laubbäume wurden gepflanzt, um dem von Menschenhand verdrängten Buchen- und Mischwald eine neue Chance zu geben. Aber zu den Aufgaben der Nationalparkverwaltung gehören nicht nur der Schutz der Natur und deren Erforschung und Dokumentation, sondern auch Naturerleben, Umweltbildung und Öffentlichkeitsarbeit. Mehrere Ausstellungshäuser dienen der Information über das Schutzgebiet. Mit zahlreichen Vorträgen, geführten Wanderungen, Natur- und Kulturausstellungen, der Instandhaltung des Wanderwegenetzes und dem winterlichen Spuren von Langlaufloipen bereichert der Nationalpark Harz das touristische Angebot der Region.

Wie fotografiert man wilde Luchse?

Im Harz gibt es nur etwa 55 ausgewachsene Luchse. Die Tiere sind einzelgängerisch, vorwiegend dämmerungs- und nachtaktiv und durch ihr geflecktes Fell hervorragend getarnt. Man bekommt die großen Katzen sehr selten zu Gesicht. Noch seltener entstehen bei solchen Gelegenheiten Fotos von hoher Qualität. Aber genau um solche ging es mir.

Ich wollte meine Faszination für die Luchse und meine Fotoleidenschaft verbinden, wollte die Tiere ausdrucksstark in Szene setzen und ihre Schutzwürdigkeit unterstreichen. Nach längerem Herumprobieren brachte ich schließlich aufwändige Kamerafallen zum Einsatz. Geriet der Luchs in den Erfassungsbereich eines Bewegungsmelders oder unterbrach er eine Lichtschranke, löste die Spiegelreflexkamera in ihrem wetterfesten Kasten aus. Meistens zündeten gleich mehrerer Blitze, um das Motiv auszuleuchten.

Aber wo wird der Luchs vorbeilaufen, wann wird er das tun und aus welcher Richtung kommt er? Die Erfahrungen aus der mehr als zwanzigjährigen Arbeit mit den Tieren half, um all dies einzuschätzen. Dennoch braucht man für diese Art der Fotografie enorm viel Glück und Zeit und darf sich von zahlreichen Misserfolgen nicht entmutigen lassen.

Es dauerte am Ende mehr als drei Jahre, bis genug Aufnahmen entstanden waren, um dieses Buch zu füllen.

Sobald die Fotofalle steht, folgt der „Krabbeltest". Ich spiele also selbst den Luchs, um herauszufinden, ob die Kamera im richtigen Moment auslöst. Das Luchsfoto beweist, dass es in diesem Fall geklappt hat.

Luchse jagen im Harz vor allem Rehe und Hirschkälber. Bis zu einer Woche lang frisst ein Luchs an einem erbeuteten Reh. Meist kehrt er morgens und abends zu seiner Beute zurück.

Eine der ersten Chancen, eine Kamerafalle zum Einsatz zu bringen, ergab sich, als mir ein Förster ein vom Luchs gerissenes Reh meldete.

Nach Einbruch der Dunkelheit näherte sich die Luchsin vorsichtig der Beute. Ihre Jungtiere beobachteten das Ganze aus sicherer Entfernung.

Am nächsten Morgen hatte die Luchsfamilie die Reste des Rehes aufgefressen. Übrig waren nur das Fell und die groben Knochen. Die Tiere waren weitergezogen und es machte keinen Sinn, die Kamerafalle an diesem Ort zu lassen. Aber ich hatte mein erstes verwertbares Foto von wildlebenden Harzluchsen und damit auch eine Menge Zuversicht, dieses Fotoprojekt voranzubringen.

Viele der Fotos in diesem Buch entstanden in der Umgebung von Rissen. Auch Raben, Bussarde, Füchse und andere Tiere versuchen gelegentlich, einen Teil der Luchsbeute zu ergattern.

Ausrottung und Wiederansiedlung

Im Jahr 1818 machten rund 200 Harzer Schützen und Treiber viele Tage lang Jagd auf einen Luchs. Am 17. März kam das Tier bei Lautenthal zur Strecke. Der Erleger erhielt später neben anderen Auszeichnungen einen Pokal. Einige Jahrzehnte danach errichtete man am Ort des Abschusses einen Gedenkstein.

1817 war bei Ilsenburg bereits ein anderer Luchs erlegt worden. Die beiden Tiere werden gerne als die letzten Luchse des Harzes bezeichnet. Aber waren sie es tatsächlich? Es ist viel wahrscheinlicher, dass die Luchse im Harz bereits viele Jahrzehnte zuvor ausgerottet worden waren. Die Männchen von 1817 und 1818 waren lediglich Zuwanderer, die nach langer Zeit das Mittelgebirge wieder erreicht hatten. Heute erstaunt uns der enorme Aufwand, mit dem unserer Altvorderen die Raubkatzen bekämpften. Für sie waren Luchse nichts weiter als Vieh- und Wilddiebe und ihre Ausrottung eine Kulturleistung, die es zu feiern galt. Dies sollte sich erst mehr als 150 Jahre später allmählich ändern. Als sich der Natur- und Artenschutzgedanke seit der Mitte des 20. Jahrhunderts zunehmend in Europa etablierte.

Der sogenannte Luchsstein bei Lautenthal erinnert an die letzte Luchsjagd im Harz vor mehr als 200 Jahren.

In Mitteleuropa gab es zu diesem Zeitpunkt allerdings schon längst keine Luchse mehr. Nur noch in Skandinavien, in Russland und in den Karpaten. Einige kleine Vorkommen waren außerdem auf dem Balkan und in Anatolien erhalten geblieben. Engagierte Artenschützer versuchten Luchse in der mitteleuropäischen Kulturlandschaft wiederanzusiedeln. Manche dieser Projekte verliefen erfolgreich.

In Slowenien gibt es seit den 1970er Jahren wieder Eurasische Luchse. Auch in die Schweiz und in den tschechischen Böhmerwald brachten Wiederansiedlungen die größte europäische Katzenart zurück.

Im Harz diskutierte man seit 1972 über eine Rückkehr des Luchses. Für viele war der Gedanke an ein großes „Raubtier" in den Mittelgebirgswäldern damals jedoch unvorstellbar. Wer sollte sich dann noch in den Wald trauen? Welche Auswirkungen würde so etwas auf den Tourismus haben? Würden die Raubkatzen das Reh, den Rothirsch und den eingebürgerten Mufflon ausrotten? Erst mit der Nationalparkausweisung im Harz erhielt auch die Luchsdiskussion neuen Schwung. 1999 war es dann tatsächlich so weit. Erstmals entschied sich eine Landesregierung in Deutschland für ein Luchswiederansiedlungsprojekt.

Gemeinsam mit der Landesjägerschaft Niedersachsen e. V. übernahm das Land Niedersachsen die Projektträgerschaft: Die große Katze sollte in den Harz zurückkehren. Die Nationalparkverwaltung

Harz wurde mit der Projektdurchführung beauftragt und begann Ende 1999 mit den Vorbereitungen.

Zwei Luchsgehege wurden in höchstem Tempo konstruiert:
Eines an einem versteckten Ort für die Eingewöhnung der zur Auswilderung vorgesehenen Luchse in ihren neuen Lebensraum und ein anderes für die Öffentlichkeitsarbeit, damit Menschen das seltene Wildtier hautnah erleben konnten.

Mit zahllosen Gesprächen, Vorträgen, Ausstellungen, Zeitungsberichten, Fernsehbeiträgen und Führungen am Luchsschaugehege gelang es, die Skepsis gegenüber den Raubkatzen zunehmend in Akzeptanz zu wandeln. Für viele ist der Luchs heute sogar eine Art Maskottchen des Harzes.

Schon im Sommer 2000 kamen die ersten drei Luchse im Harz an. Sie stammten, wie alle Gründertiere der Population, aus Wildparks und Zoos. Die drei Pioniere starteten nach wenigen Wochen Aufenthalt im Eingewöhnungsgehege in die Freiheit. In den kommenden Jahren folgten ihnen nach und nach etliche Artgenossen. Bereits 2002 entdeckte ein Förster die ersten in Freiheit geborenen Jungtiere. Heute hat sich aus den insgesamt 24 ausgewilderten Gründertieren eine vitale Luchspopulation entwickelt, die sich über die Grenzen des Mittelgebirges hinaus ausbreitet. Diese Ausbreitung verläuft jedoch recht langsam, und genau da liegt das Problem: die mitteleuropäischen Luchsvorkommen sind allesamt klein, isoliert und von Inzucht bedroht. Es muss also recht schnell gelingen, die Populationen miteinander in einen genetischen Austausch zu bringen.

Luchse müssen über weite Strecken durch unsere Landschaften wandern können. Aber werden sie dies auf eigenen Pfoten rechtzeitig schaffen oder werden wir die Luchsausbreitung mit Auswilderungen unterstützen müssen, um das erneute Aussterben der Tierart zu verhindern?

Zwischen 2000 und 2006 wurden insgesamt 24 Luchse im Nationalpark Harz ausgewildert. In der Nähe des ehemaligen Eingewöhnungsgeheges bei Torfhaus steht heute eine Bronzestatue, um an die Rückkehr der Raubkatzen zu erinnern.

Als ich 1995, gegen Ende meines Studiums, anfing mich mit den großen Beutegreifern zu beschäftigen, gab es in Deutschland nur im Bayerischen Wald einige Luchse. Heute streift die große Katze auch durch den Harz, den Pfälzerwald und einige andere Mittelgebirge. Sie erbeutet Rehe und Hirschkälber und reißt tatsächlich hin und wieder auch Nutztiere wie Schafe, Ziegen oder Gehegewild. Dennoch wird dem Luchs mittlerweile nicht nur im Harz viel Sympathie entgegengebracht. Aus damaliger Sicht ist unglaublich viel erreicht worden. Aber es ist auch noch ein weiter Weg, bis wir sicher sein können, dass es am Ende dieses Jahrhunderts noch Luchse in Mitteleuropa geben wird.

Ende März liegt noch Schnee auf den Bergrücken über dem Odertal. Dieser Jungluchs wird sich in wenigen Tagen endgültig von seiner Mutter trennen. Eine harte Zeit steht ihm bevor. Er muss gleichgeschlechtlichen Artgenossen aus dem Wege gehen, die ihn von nun an als Konkurrenten betrachten. Um zu überleben, wird er sehr schnell lernen müssen, große Beutetiere zu überwältigen. Bei Weitem nicht alle jungen Luchse überstehen die ersten Monate ihrer Selbstständigkeit.

Forschung und Fallen

Wir wissen heute viel über den Luchs aber lange noch nicht alles. Die wildbiologische Forschung kann beispielsweise helfen, zu verstehen, wie groß der Raumbedarf einer gesunden Luchspopulation ist, wie sich die Nahrung der großen Katzen zusammensetzt, auf welchen Routen Luchse durch die Landschaft wandern, wenn ihnen nicht der Schutz einer durchgehenden Bewaldung zur Verfügung steht, und welche Landschaftsbestandteile unbedingt erhalten bleiben müssen, um die Luchsausbreitung zu fördern.

Im Luchsprojekt Harz fangen wir Luchse zu wissenschaftlichen Zwecken mit Kastenfallen, um sie mit Halsbandsendern auszustatten und nach der Wiederfreilassung ihre Wege verfolgen zu können oder um ihren Gesundheitszustand zu überprüfen.

Der einzige Köder, mit dem man einen Luchs fangen kann, ist das von ihm selbst gerissene Beutetier.

Wird ein Riss an geeigneter Stelle gefunden – was nicht gerade häufig geschieht – erfolgt meist noch am selben Tag der Fallenaufbau.

Eine der größten Herausforderungen stellt dabei der Wiederfang eines bereits besenderten Luchses dar. Schließlich kennt das Tier schon die Falle. Wenn sich die Kapazität der Halsbandbatterie ihrem Ende entgegen neigt, gibt es allerdings keine andere Möglichkeit, um die Überwachungszeit des Luchses noch einmal zu verlängern. Gelingt der Fang trotzdem, soll alles schnell gehen, um das Tier nicht unnötig zu belasten. Das Fangteam durchwacht deshalb häufig die Nacht in der Nähe der Falle. Immer wieder überprüft Lilli Middelhoff gespannt das Funksignal vom Halsbandsender des Luchses mit der Richtantenne. Nähert sich der Luchs?

Sitzt der Luchs in der Falle, geht es darum, ihn schnell mit einem Narkosepfeil zu betäuben. Es folgt die Vermessung des Tieres und die Entnahme einer Blutprobe. Der neue Halsbandsender wird angepasst. In einer abgedunkelten Tiertransportbox wacht der Luchs danach langsam wieder auf. Einige Stunden später startet er zurück in die Freiheit.

Im Maul eines Luchses befinden sich nur 28 Zähne. Selbst für eine Katze sind dies ziemlich wenige. Durch den kurzen Kiefer ist der Luchsschädel rund geformt und entwickelt eine enorme Hebelwirkung und sehr viel Beißkraft im Bereich der langen spitzen Eckzähne. Das spezialisierte Gebiss ist Ausdruck einer spezialisierten Jagdweise. Um Beutetiere zu überwältigen, die mitunter schwerer sind als er selbst, beißt der Luchs zielsicher in die Luftröhre und hält fest, bis das Beutetier erstickt ist. So effektiv das Luchsgebiss beim Töten der Beute funktioniert, so unvollkommen dient es aufgrund der wenigen Zähne beim Zerkleinern der Fleischnahrung. Luchse brauchen recht lange zum Fressen.

Jungluchse

Junge Luchse kommen nach einer Tragzeit von zehn Wochen im Mai oder Juni zur Welt. Als Kinderstube dienen wettergeschützte Orte, wie Felshöhlen oder hochgeklappte Wurzelteller. Ein Wurf besteht manchmal aus nur einem, manchmal aber auch aus vier und ganz selten aus fünf Jungtieren. Erst nach drei Wochen öffnen diese die Augen. Im Juli oder August beginnen sie für längere Strecken der Mutter zu folgen. Erst gegen Ende des nächsten Winters löst sich die Familiengruppe allmählich auf, und die fast ausgewachsenen Luchse müssen auf eigenen Beinen stehen.

Manchmal wählt eine Luchsin ein Polter gefällter Fichtenstämme, um darunter ihre Jungtiere zu verstecken. Aus Sicht der Luchsin ein perfekter Ort: trocken, windgeschützt und gegen Eindringlinge gut zu verteidigen. Aber die Sicherheit ist trügerisch. Jederzeit kann plötzlich ein LKW vorfahren und die tonnenschweren Stämme innerhalb von Minuten aufladen. Die noch winzigen Luchse hätten dann keine Chance zur Flucht.

Diesen kleinen Kerl und seine vier Geschwister entdeckten wir durch einen Zufall.

Wir wogen und vermaßen die kleinen Luchse. Mit einem Wattetupfer nahmen wir von jedem Jungtier eine Speichelprobe zur genetischen Analyse. Das Muttertier war zunächst vor uns geflüchtet und wartete dann unruhig in der Nähe, bis die Luft wieder rein war. Hin und wieder sahen wir die nervös hin und her laufende Luchsin zwischen den Bäumen auftauchen und mehr als einmal hörten wir ihre Unmutsäußerungen.

Mit der Maßnahme wollten wir nicht nur den Entwicklungszustand der Jungluchse überprüfen, wir wollten vor allem eine heftige Störung der Luchsin erzeugen und ihr mitteilen: Dieses Versteck ist nicht sicher. Erfolgreich, denn wenige Minuten, nachdem wir die Jungtiere wieder an den Fundort zurückgesetzt und uns zurückgezogen hatten, holte die Luchsin ein Jungtier nach dem anderen aus dem Versteck und trug es an einen anderen und hoffentlich sichereren Ort.

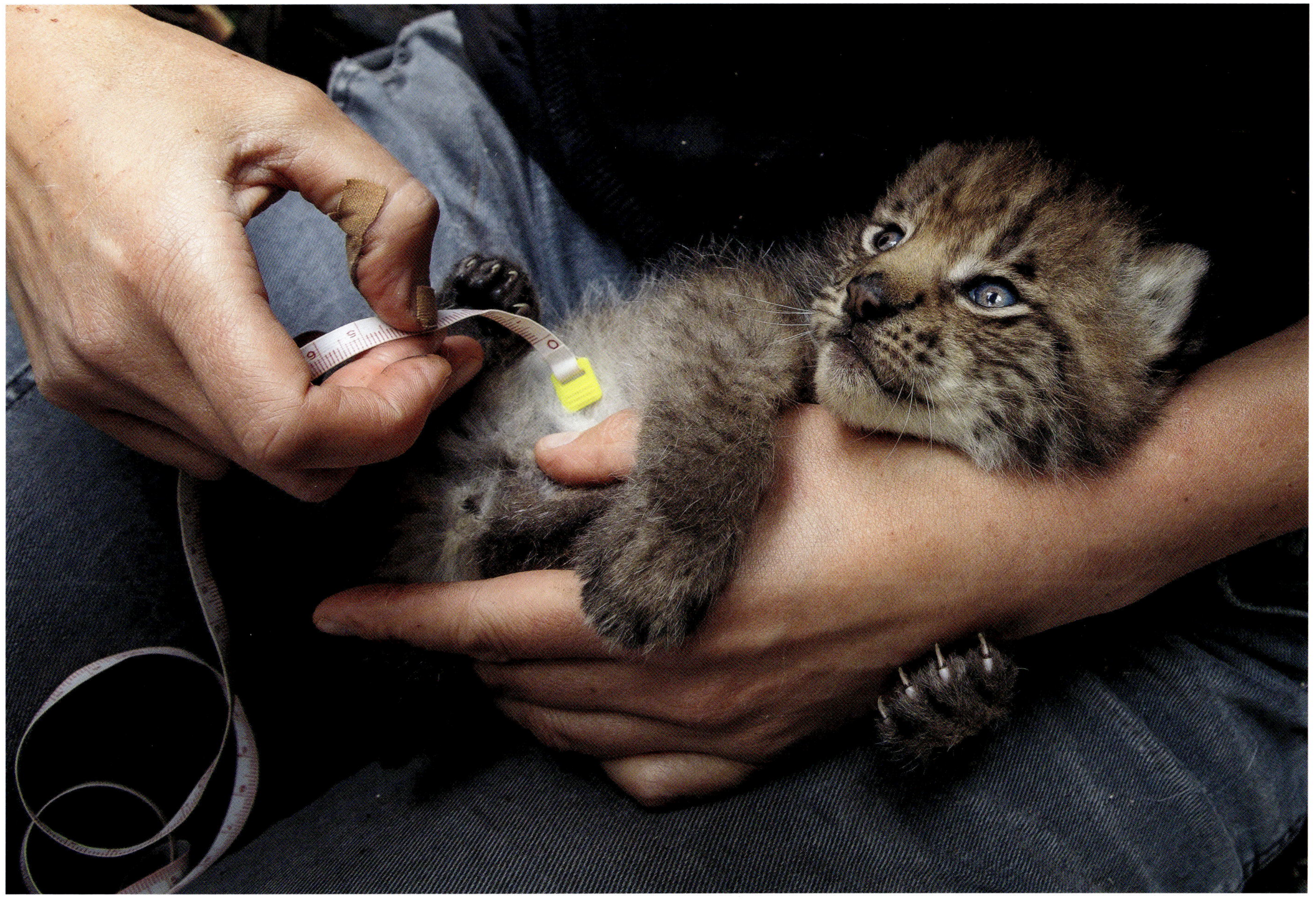

Wildkameras

Kleine handliche Wildkameras sind heute wichtige Hilfsmittel beim Monitoring von Wildtieren. Die Fleckenzeichnung im Fell eines Luchses ist so einzigartig wie ein menschlicher Fingerabdruck. Anhand von Wildkamerabildern kann man Luchse daher voneinander unterscheiden und sogar ihre Anzahl im Harz ermitteln. Wir stellen die Kameras an Orten auf, an denen Luchse regelmäßig vorbeikommen. Häufig nutzen die Tiere während der Nacht Wanderwege und auch Forstwege. Fotografierte Luchse erhalten eine Kennung. Der Luchs auf dem nebenstehenden Foto erhielt die Identifikationsnummer B1068m (B = beidseitig fotografiert, 1068 = laufende Nummer, m = Männchen).

Oderteich

Der Oderteich mitten im Nationalpark Harz ist Teil des UNESCO Weltkulturerbes „Oberharzer Wasserwirtschaft". Nach seiner Fertigstellung im Jahr 1722 war er weit mehr als 100 Jahre lang der größte Stausee Deutschlands.

Sankt Andreasberg

Hoch über Sankt Andreasberg entstand bereits vor über 300 Jahren ein erster Glockenturm. Das heutige Gebäude stammt aus dem Jahr 1834. An klaren Wintertagen bietet sich von der benachbarten Jordanshöhe ein grandioser Blick über den Glockenberg und die Harzer Höhenzüge hinweg bis weit in das südliche Vorland des Mittelgebirges.

Nationalpark Außenstelle Oderhaus

Das Gebäude der Nationalpark-Außenstelle Oderhaus bei Sankt Andreasberg ist über 100 Jahre alt. Lange befand sich darin ein Forstamt. Heute ist hier unter anderem das Luchsprojekt Harz untergebracht.

Begegnungen

Begegnungen mit Luchsen sind selten und ereignen sich meist unvermutet. Selbst nach vielen Jahren der Arbeit mit diesen Tieren ist jedes Zusammentreffen mit einer der freilebenden großen Katzen etwas sehr Besonderes. Ich kann mich noch sehr gut an jedes einzelne Ereignis erinnern.

Ganz bewusst geben wir wilden Luchsen keine menschlichen Namen. Wir glauben, dass dies ein wenig dazu beiträgt, die zum Teil auch heute noch kontroverse Diskussion um die große Raubkatze in unserer Kulturlandschaft zu versachlichen. Trotzdem gibt es natürlich Luchse, die mir ganz besonders in Erinnerung geblieben sind. Zum Teil sind dies Tiere, die eine Zeitlang einen Halsbandsender trugen und deren Wege wir daher sehr gut kennengelernt haben. Diese Luchse bezeichnen wir mit einem Kürzel für das Geschlecht (M oder F) und nummerieren sie ganz einfach in der Reihenfolge der Besenderung. Und ja, natürlich gibt es Luchse, die sich einen Spitznamen verdient haben. Einige besondere Luchse und einige besondere Begegnungen mit Luchsen werden auf den folgenden Seiten vorgestellt.

M14

Der 14. männliche Luchs, den wir mit einem Halsbandsender ausstatteten, bewohnte ein 100 Quadratkilometer großes Streifgebiet. Mitten darin liegt das Schaugehege des Nationalparks, dass er sehr regelmäßig besuchte. Auch als sich nach dreizehn Monaten Laufzeit der Sender automatisch wieder von seinem Hals gelöst hatte, lockten ihn in der Paarungszeit zwischen Februar und April die Luchsinnen im Gehege ganz besonders. Nicht selten konnte man M14 dann sogar tagsüber überraschen, wenn er sich dem Gehegezaun näherte.

Die Oderteichluchsin (B1012w)

In jeder Luchspopulation gibt es einige ältere Weibchen, denen es besonders erfolgreich gelingt, Jungtiere aufzuziehen. Sie besetzen häufig über viele Jahre hinweg dieselben Territorien und bilden das Rückgrat der Luchspopulation.

Den ersten Fotonachweis der Oderteichluchsin erhielten wir schon 2014. Drei Jahre später hatte sie im April am Ufer des Stausees ein Hirschkalb erbeutet. Das Beutetier war vom nahen Wanderweg aus gut sichtbar. Aber es gelang ihr nicht, das schwere Kalb in die Deckung des Moorfichtenwaldes zu ziehen. Die Oderteichluchsin verbarg sich tagsüber in dem Dickicht aus lebenden und toten Bäumen, behielt ihre Beute von dort aber im Auge. Nur sehr aufmerksame Wanderer bemerkten die im Unterholz gut getarnte Raubkatze.

Der grimmige Steinbruchluchs

Im Jahr 2010 beobachtete ein Harzer Förster auf kurze Distanz einen mindestens zweijährigen Luchs, den er auch fotografieren konnte. Vier Jahre später entdeckten wir das Tier auf den Bildern einer unserer Wildkameras wieder. Das Gerät befand sich an dem Wirtschaftsweg eines großen Steinbruchs im Westharz. Das Gesicht des Männchens war von seinen Auseinandersetzungen mit Artgenossen stark gezeichnet. Geradezu grimmig blickte er in die Kamera und kam so zu seinem Spitznamen. 2017 fingen wir den grimmigen Steinbruchluchs an einem Rehriss. Wir stellten damals fest, dass drei seiner Eckzähne abgebrochen waren und eine Fehlstellung aufwiesen, so dass er sein Maul nicht vollständig schließen konnte. Auch dies mag zu seinem speziellen Gesichtsausdruck beigetragen haben. Die Haut um seine Augen schien entzündet. Wir verzichteten darauf, ihn mit einem Halsbandsender zu versehen, weil er sich in keinem guten Zustand befand und wir uns fragten, ob er wohl noch lang zu leben hätte. Statt des Halsbandsenders erhielt der grimmige Steinbruchluchs eine gelbe Ohrmarke.

Totgesagte leben länger. Noch vier weitere Jahre durchstreifte er als der älteste bekannte Harzluchs das nördliche Vorland des Mittelgebirges. Zuletzt wurde er recht häufig beobachtet. Es schien, als ob ihm, je älter er wurde, menschliche Störungen zunehmend egal waren. Im Juli 2021 schließlich fand ein Jäger bei Bad Gandersheim, weit entfernt vom Rand des Harzes, die anhand der Ohrmarke leicht zu identifizierenden Überreste einer großen Katze. Mindestens 13 Jahre alt wurde der grimmige Steinbruchluchs.

Eine unbekannte junge Luchsin

An einem Sommerabend fuhr ich mit dem PKW durch das Odertal, als ich in einiger Entfernung einen Luchs über den Forstweg wechseln sah. Schnell machte ich die Kamera bereit und fuhr langsam an die Stelle heran, ohne den Luchs allerdings nochmals zu Gesicht zu bekommen. Auch als ich zurücksetzte, entdeckte ich nichts von dem Tier. Mein Hund im Fußraum neben mir reckte allerdings die Nase empor und wollte vor Aufregung am liebsten aus dem geöffneten Wagenfenster springen. Als ich mir die Sache aus einiger Entfernung noch einmal ansah, begriff ich auch warum. Der Luchs hatte sich unmittelbar neben dem Forstweg unter eine junge Fichte geschoben, so dass ich ihn bei der Vorbeifahrt über die rechte Wagentür hinweg nicht sehen konnte. Nur die Hundenase hatte ihn verraten. Ganz langsam, die Kamera in der Hand, stieg ich aus. Der junge Luchs behielt seine Position bei. Es entstanden zahlreiche Fotos, bis es dem Tier – es handelte sich um ein Weibchen – schließlich doch zu bunt wurde. Mit zwei langen Sätzen schnellte es den nahen Hang hinauf und war verschwunden.

KUNO (B1025m)

Im Jahr 2015 erfassten die Wildkameras der hessischen Kollegen in der Nähe von Kassel erstmals diesen Luchs, den Sie KUNO tauften. Im selben Jahr erlagen alle Luchsweibchen im dortigen Kaufunger Wald der Räude. Eine Krankheit, die von Milben verursacht wird. Das kleine hessische Luchsvorkommen brach daraufhin vollständig zusammen. Der Mangel an Weibchen war wohl auch der Grund, warum KUNO schließlich den rund 100 Kilometer langen Weg in den Harz antrat. Anfang Januar 2016 erschien er erstmals auf unseren Wildkameras. Ende Mai 2017 erbeutete er bei Sankt Andreasberg ein Reh und bewachte den Riss, der an einem viel belaufenen Wanderweg lag. Spaziergänger beobachteten den Luchs und auch mir gelangen später noch einige schnelle Aufnahmen, bevor KUNO oder B1025m, wie wir ihn nannten, schließlich im Unterholz verschwand. Wir zogen das tote Reh vom Wanderweg weg tiefer in den Wald, um zu vermeiden, dass der Luchs Wanderer erschreckte oder in Auseinandersetzungen mit Hunden geriet.

Im Jahr 2018 wurde uns der letzte Nachweis von KUNO gemeldet. Über sein weiteres Schicksal ist nichts bekannt.

F8

Über mehr als ein Jahr hinweg trug diese Luchsin einen Halsbandsender. Wir kennen daher ihr außergewöhnlich großes Streifgebiet im Süden des Harzes recht gut. Auch F8 ist eine der älteren Luchsinnen, die bereits viele Jungtiere erfolgreich aufgezogen haben. Etliche Monate nachdem sich der Sender vom Hals der Luchsin gelöst hatte, meldeten uns Waldarbeiter den Fund eines toten Hirschkalbes ganz in der Nähe unseres Büros in Oderhaus. Wegen eines Abendtermines war ich jedoch im Zeitstress. Hastig installierte ich einige Wildkameras in der Nähe des Risses. Die Zeit reichte einfach nicht, um die weit aufwändigere Spiegelreflexkamera samt Blitzen aufzubauen, um hochwertige Fotos zu erhalten. Spät am Abend fuhr ich daher noch einmal zu dem Ort. Schon von Weitem sah ich mehrfach das Blitzlicht der Wildkameras aufflammen. Die Luchse waren also zurückgekehrt. In völliger Dunkelheit installierte ich mit klammen Fingern und in großer Eile die Kameraanlage und zog mich zurück. Am nächsten Morgen hatten F8 und ihre Jungtiere kaum noch etwas von dem Hirschkalb übriggelassen.

B1022m

Das von dem Luchs B1022m erbeutete Hirschkalb lag an einem extrem steilen Hang. Ich hatte Mühe, mit meiner schweren Ausrüstung dorthin zu gelangen und fand zunächst keinen geeigneten Platz, um eine Kamera zu installieren. Luchse nutzen sehr gerne etwas erhöhte Aussichtsplätze. Auf dem vom Wind umgeworfenen Fichtenstamm entdeckte ich daher schließlich auch einige Luchshaare. B1022 tat mir tatsächlich den Gefallen, einige Stunden nach der Einrichtung der Fotofalle noch einmal über den Stamm zu balancieren.

Die Mutter von B1022m war eine der ersten Luchsinnen, deren Wege durch den Harz wir mit einem Halsbandsender überwachten. Als sie 2012 Jungtiere zur Welt brachte, versuchten wir diese in ihrem Versteck am Nordhang des Brockens zu finden und zu untersuchen. B1022m war der einzige der drei Welpen, den wir nach langer Suche entdeckten und der erste in Freiheit geborene Jungluchs, den ich in der Hand hielt. Im Alter von neun Jahren wurde er bei Oker überfahren.

Auf dem linken Bild sieht man im Hintergrund die Lichter der Stadt.

Verkehrsopfer

Mehr als 30% der im Harz tot aufgefundenen Luchse wurden überfahren. Besonders einjährige, noch unerfahrene Tiere, die sich gerade von ihrer Mutter getrennt haben und auf der Suche nach einem eigenen Revier viele Kilometer zurücklegen, überqueren häufig Straßen und werden dabei zum Opfer des Kraftfahrzeugverkehrs.

Schnellstraßen stellen ernste Wanderbarrieren dar, die die Ausbreitung von Luchspopulationen behindern. Dabei ist der genetische Austausch zwischen den Vorkommen von enormer Bedeutung, um Inzucht zu verhindern und den Fortbestand des Luchses in Mitteleuropa zu sichern.

Grünbrücken helfen Wildtieren, vom Laufkäfer bis zum Rothirsch, eine Schnellstraße zu überwinden. Die genetische Verbindung der durch die Straße zerschnittenen Tierpopulationen bleibt erhalten. Damit die Tiere die Brücke auch benutzen und sich dort sicher fühlen, sollten Autos und Menschen das Bauwerk wenn überhaupt nur sehr selten überqueren. Die Bäume und Sträucher auf dieser noch sehr neuen Grünbrücke bei Nüxei im Südharz wurden gerade erst gepflanzt. Trotzdem hatten zum Zeitpunkt der Aufnahme bereits mehrere Luchse die Brücke genutzt. Zukünftig werden Rehe, Wildschweine und andere Tiere – geschützt von dichtem Unterholz und sicher vor dem Straßenverkehr – über die Grünbrücke von einem Waldgebiet in das andere gelangen.

Waisenluchse

In den größeren Luchspopulationen kommt es beinahe in jedem Jahr vor, dass einige Jungtiere den Kontakt zu ihrer Mutter verlieren. Sehr selten allerdings sind diese Waisenluchse erst wenige Wochen alt, wie das Jungtier auf dem nebenstehenden Bild. Allerdings haben auch ältere Waisenluchse eine sehr geringe Überlebenschance.

Der Fang solcher Tiere ist nicht ganz einfach. Manchmal gelingt er, weil die unterernährten Tiere im Umfeld von Ortschaften versuchen, Futter zu finden und Menschen so auf sie aufmerksam werden.

Kommt ein Waisenluchs rechtzeitig in eine professionelle Aufzuchtstation und hat er durch die lange Hungerphase noch keine bleibenden Schäden davongetragen, dann kann er überleben und im Alter von einem Jahr wieder ausgewildert werden. Es gibt Überlegungen, solche Waisentiere zwischen verschiedenen Luchspopulationen auszutauschen, um so für eine Blutauffrischung zu sorgen. Erfolgreich aufgezogene Waisenluchse können somit sogar einen enormen Nutzen für die stark inzuchtgefährdeten Luchsvorkommen in Mitteleuropa erlangen.

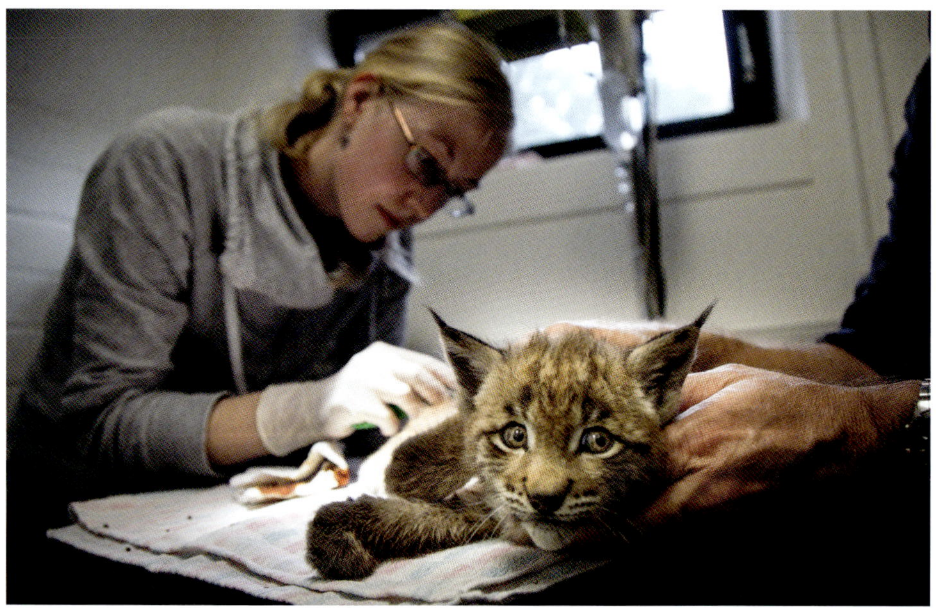

In der Wildtier- und Artenschutzstation Sachsenhagen bei Hannover ist man auf die Aufnahme von Waisenluchsen vorbereitet.

Quarantäneräume, große Außengehege und eine professionelle tiermedizinische Betreuung sind vorhanden. Tierärztin Karolin Schütte und Stationsleiter Dr. Florian Brandes kümmern sich hier um einen der jüngsten Waisenluchse, den wir im Harz jemals eingefangen haben.

Ein Wildtier längere Zeit im Gehege zu halten, ist nicht leicht. Ein ausgewachsener Luchs springt aus dem Stand mehr als drei Meter hoch und auch Jungtiere sind bereits hervorragende und sehr flinke Kletterer. Dem sprichwörtlichen Luchsauge entgeht keine Schwachstelle. Gute Zäune sind also sehr wichtig. Die Gehege sollten groß sein, Versteckmöglichkeiten bieten und es sollte möglichst wenig Besucherverkehr geben. Schließlich dürfen sich auch sehr junge Luchse, die vor der Wiederauswilderung entsprechend lange im Gehege bleiben müssen, nicht zu sehr an den Menschen gewöhnen.

Im Alter von einem Jahr hat ein Luchs alle körperlichen Voraussetzungen, um sich in der Freiheit zurecht zu finden. Er ist nahezu ausgewachsen und er verfügt über ein vollständig entwickeltes Gebiss. Alle für die Jagd erforderlichen Fähigkeiten sind bei Luchsen, wie bei anderen Katzen auch, angeboren. Sie wissen von Natur aus, wie man ein Reh mit einem gezielten Kehlbiss tötet. Die für den Jagderfolg nötige Erfahrung wird auch ein im Gehege aufgewachsener ehemaliger Waisenluchs nach seiner Freilassung schnell sammeln.

Der beste Ort für die Wiederfreilassung liegt natürlich in einem großen Waldgebiet, fernab von der nächsten Schnellstraße. Der junge Luchs sollte hier Kontakt zu Artgenossen bekommen können. Gleichzeitig braucht er die Möglichkeit, über weite Strecken abzuwandern, um einem allzu großen Konkurrenzdruck aus dem Wege zu gehen und möglichst nicht in ernste Auseinandersetzungen zu geraten.

Am besten eignen sich daher Waldgebiete am Rande der vorhandenen Luchspopulation.

Wolfshagener Steinbruch

Mehr als 25 Millionen Tonnen Gestein wurden innerhalb von rund 100 Jahren aus dem Diabassteinbruch abgebaut. Ein massiver Sockel blieb stehen. Um ihn herum entstand nach der Aufgabe des Steinbruchs eine Wildnis aus zweiter Hand.

Die Annabrücke

Lange Zeit war die 1923 erbaute Annabrücke sehr selten sichtbar. Bereits 1934 verschwand sie in den Fluten des damals errichteten Oderstausees. Während der zuletzt immer häufiger regenarmen Sommer kann man jedoch gelegentlich trockenen Fußes über die erstaunlich gut erhaltene Brücke gehen.

Harzflüsse

Zahlreiche Bäche und Flüsse prägen die Täler des Harzes. Viele von ihnen entspringen in den Mooren und ihr Wasser weist eine leicht bräunliche Färbung auf. Dennoch ist die Wasserqualität hervorragend. Der Harz versorgt große Städte wie Braunschweig, Hannover und Göttingen mit Trinkwasser.

Andere Tiere des Harzes

Nicht immer kommt tatsächlich ein Luchs an der installierten Fotofalle vorbei. Manchmal musste ich nach einigen Wochen einsehen, dass die Mühe an einer bestimmten Stelle umsonst war. Manchmal wurde der Aufwand aber mit Fotos von ganz anderen Harztieren belohnt. Hin und wieder habe ich ganz gezielt versucht, diese zu fotografieren.

Rothirsche gehören zu den größten heute noch in Europa lebenden Landsäugetieren. Ein starker Hirsch erreicht ein Gewicht von über 150 Kilogramm. Damit ist er vor einem Luchsangriff sicher. Weibliche Tiere und besonders die Kälber müssen sich jedoch vor der Raubkatze in Acht nehmen.

Wildschweine

Wildschweine sind im Harz sehr häufig. Einen Großteil ihrer Nahrung finden sie, indem sie mit ihrem Rüssel den Erdboden durchwühlen. Ist das Erdreich in sehr kalten Wintern steinhart gefroren, haben sie Probleme, an etwas Fressbares heranzukommen. Liegt außerdem viel Schnee, verbrauchen sie wegen ihrer recht kurzen Beine viel Energie bei der Fortbewegung. Das sogenannte Schwarzwild profitiert also erheblich von dem immer milder werdenden Klima. Die wehrhaften Wildschweine tauchen im Nahrungsspektrum der Harzluchse fast gar nicht auf. Selbst die Frischlinge sind durch ihre aufmerksamen und angriffslustigen Mütter gut geschützt.

Rehe

Die kleinste europäische Huftierart hat einen sehr ausgeklügelten Speiseplan. Mehrfach im Jahr wechseln die Tiere ihre bevorzugten Futterpflanzen. Rehe lieben daher die krautreiche Vegetation an den Feld- und Waldrändern und profitieren sehr stark von den Landschaftsveränderungen, die der Mensch verursacht hat.

Im Speiseplan der Harzluchse nimmt das ungefähr 20 Kilogramm schwere Reh den Hauptanteil ein.

Waschbären

Die enorm anpassungsfähigen amerikanischen Kleinbären wurden als Pelztiere in den 1930er Jahren in Mitteldeutschland freigelassen. Vor rund 60 Jahren haben sie auch den Harz erobert. Waschbären sind Allesfresser. Da sie als Nesträuber gelten und zahlreiche heimische Tierarten erbeuten, sind sie sehr unbeliebt. In den Ortschaften sind die hervorragenden Kletterer für viele ein Ärgernis, weil sie Mülltonnen plündern und Schäden an Hausdächern verursachen. Die Auswirkungen des Luchse auf die inzwischen enorm große Anzahl der Waschbären ist vermutlich ebenso gering, wie die der menschlichen Jäger. Ironischer Weise haben freilebende Waschbären als Pelzlieferanten bei uns nie eine nennenswerte Bedeutung erlangt.

Rotfüchse

Füchse versuchen häufig, dem Luchs einen Teil seiner Beute zu stibitzen. Passt der Fuchs dabei nicht auf, wird er selbst zum Opfer. Füchse nehmen sogar einen gewissen Anteil am Nahrungsspektrum der großen Katze ein. Allerdings übertragen sie auch einige für den Luchs gefährliche Krankheiten, wie die Räude oder die Staupe.

Wildkatzen

Auch wenn sich beide Arten sehr ähneln, ist die Europäische Wildkatze kein verwilderter Stubentiger. Im Gegensatz zur Hauskatze hat die Wildkatze immer im Harz gelebt. Auch als sie vom Menschen noch stark verfolgt und andernorts ausgerottet wurde, war das Mittelgebirge ein wichtiger Rückzugsraum für die Mäusejägerin. Seit einigen Jahrzehnten breitet sich die Wildkatze wieder aus und hat inzwischen auch große Bereiche im Flachland zurückerobert.

Nutztierrisse

Diese Luchsin hat am Nordrand des Harzes auf einer Weide ein Hausschaf getötet.

In jedem Jahr fallen den Luchsen einige Nutztiere zum Opfer. Meist handelt es sich um Schafe, Ziegen oder Damhirsche in Gehegen. Wegen der enormen Sprungkraft und des Klettervermögens der Luchse können Weiden und Gehege nur mit hohen Elektrozäunen vor ihnen gesichert werden. Für Hobbytierhalter und Wanderschäfer lohnt sich dieser Aufwand meist nicht. In den meisten Bundesländern erhalten die Tierhalter nach Luchsattacken auf Nutztiere eine finanzielle Entschädigung. Im Durchschnitt werden in Niedersachsen und Sachsen-Anhalt zusammen jährlich Gelder ausgezahlt, um zehn Schafe und fünf Damhirsche zu ersetzen.

Gegen Ende der Paarungszeit verfügt dieses Luchsmännchen kaum noch über Fettreserven. Lange Wanderungen zwischen den Streifgebieten der Weibchen und vielleicht auch die eine oder andere Auseinandersetzung mit Nebenbuhlern haben viel Kraft gekostet. Die Nickhäute – eigentlich dienen sie zum Schutz der Augen – verdecken fast die Pupillen und schränken das Sichtfeld ein. Bei Katzen ein deutliches Zeichen für starken Stress und eine schlechte Allgemeinverfassung. Nach der Paarungszeit wird sich der Kater allerdings schnell wieder erholen.

Das Luchsgehege

In den frühen Morgenstunden stattet M14 seinen Artgenossen im Luchsschaugehege des Nationalparks einen Besuch ab. Jetzt im April sind die Luchsinnen hinter dem Zaun für ihn noch besonders verführerisch.

Das Nationalpark-Schaugehege existiert bereits seit dem Jahr 2000. Es liegt mitten im Wald an der sogenannten Rabenklippe. Besucher erreichen die Anlage nach einer Wanderung von Bad Harzburg aus. Im Sommer steuert sogar eine Buslinie das Gehege an.

Rund einen Hektar Fläche umfasst der Außenzaun des Luchsgeheges. Darin befinden sich schroffe Granitfelsen, alte Bäume und dichtes Unterholz und natürlich mehrere Luchse. Einige Felshöhlen bieten den Tieren Schutz. Die Gehegeluchse sind so etwas wie Botschafter für Ihre wildlebenden Artgenossen. Sie haben eine wichtige Funktion in der Öffentlichkeitsarbeit des Nationalparks Harz.

Die Lage mitten im Wald trägt zum besonderen Charme des Luchsgeheges bei, birgt aber mitunter auch Gefahren. Über zwei Jahre hinweg hatte die anhaltende Trockenheit den Baumriesen rund um das Gehege zugesetzt. 2020 hatte dann das Sturmtief Sabine leichtes Spiel mit den geschwächten Buchen und Fichten. In einer Nacht krachten bei Windstärken über 160 Stundenkilometer gleich mehrere Bäume auf die Zaunanlage. Alice, Ellen und Paul nutzen die Chance und machten sich auf, den Harzwald zu erkunden.

Alice kehrte nach wenigen Tagen freiwillig zurück und konnte mit Futter in ihr Gehege gelockt werden. Ellen machte es spannender. Sie schloss sich bei Ilsenburg zwei Wanderern an. Einigermaßen überrascht berichteten uns die beiden per Mobiltelefon von der ungewöhnlichen Begleiterin. Sie behielten die Luchsin im Auge, bis wir diese mit einem Narkosepfeil betäuben und danach ins Gehege zurückschaffen konnten. Weniger Glück hatte Paul. Eine Woche nach dem Fang von Ellen erreichte mich am Vormittag per Messengerdienst ein Video, aufgenommen von einer Dashcam durch die Windschutzscheibe eines Autos: Am linken Waldrand erscheint plötzlich ein Luchs, betritt die Fahrbahn, wird von dem Fahrzeug erfasst und verschwindet unter dem Kühler. Am rechten Bildrand sieht man gerade noch, wie der Luchs unter dem Auto wieder hervorkommt und in die Dunkelheit flüchtet.

Es kostete viel Zeit, bis wir nach zahllosen Durchläufen des Videos anhand von Geländemerkmalen den exakten Aufnahmeort bestimmt hatten. Wir standen noch am Straßenrand und beratschlagten, wie wir nun die Spur des verletzten Luchses aufnehmen könnten, als ein Kollege auf einen entfernten hellen Fleck auf dem Waldboden deutete. Dort lag Paul. Er atmete flach und hob leicht den Kopf als wir uns näherten. Nach einer Betäubung schafften wir ihn schnellstmöglich zum Tierarzt. Fünf gebrochene Rippen, und zahlreiche Prellungen waren die Unfallfolgen. Paul bewies gute Nehmerqualitäten und war schon nach wenigen Wochen wieder ganz der Alte.

Das Luchsgehege wird immer wieder von Fernsehteams genutzt, um hier Aufnahmen zu drehen, die in freier Wildbahn so gut wie unmöglich wären.

Der Rehbock war von einem wildlebenden Luchs gerissen worden. Aus unbekanntem Grund hatte dieser seine Beute jedoch aufgegeben. Für eine Filmproduktion der BBC platzierten wir das Reh vor den Granitfelsen im Luchsgehege. Kurze Zeit später erschien Luchskater Paul und ließ keinen Zweifel daran, wer ab jetzt der Besitzer des Rehs sein würde. Erst nachdem er sich satt gefressen hatte, durften sich auch die beiden Weibchen Alice und Ellen bedienen.

Rabenklippe und Brocken

Nur wenige Meter vom Luchsgehege entfernt bietet sich von der Rabenklippe eine beeindruckende Aussicht über das Eckertal zum Brocken. Der Sage nach feiern in der Nacht vom 30. April auf den 1. Mai Hexen und der Teufel auf dem Gipfel des höchsten Harzberges Walpurgis. Der Name des Festes wurde durch Goethes Faust populär gemacht.

Der Berg war zwischen 1961 und 1989 militärisches Sperrgebiet. Das russische Militär und das Ministerium für Staatssicherheit der DDR teilten sich eine festungsgleiche Anlage auf dem Gipfel. Heute zieht es jährlich etwa eine halbe Million Touristen auf den 1141 Meter hohen Brocken.

Eckerstaumauer

Nach einer abwechslungsreichen Wanderung gelangt man vom Luchsgehege an der Rabenklippe zum Eckerstausee. Mitten durch die 57 Meter hohe Staumauer verlief zwischen 1949 und 1990 die Grenze zwischen der DDR und der BRD. Erst Ende der 1970er Jahre einigten sich die beiden deutschen Staaten vertraglich über den ordentlichen Betrieb der Anlage. DDR-Soldaten errichteten mitten auf der Krone der Eckerstaumauer eine Querwand, die illegale Grenzübertritte verhindern sollte. Heute erinnern daran noch ein Replikat der ehemaligen DDR-Grenzsäulen und einige Informationstafeln.

Rappbodetalsperre

Die Rappbodetalsperre wurde 1959 fertiggestellt und nimmt eine Fläche von knapp vier Quadratkilometern ein. Mit bis zu 113 Millionen Kubikmetern Stauvolumen ist sie der größte Harzstausee.

Der Luchs
Aussehen und Biologie

Das Gehege des Nationalparks bietet die Möglichkeit, die besonderen Merkmale und Eigenarten der Luchse zu studieren.

Die große Luchspfoten verteilen das Gewicht optimal und wirken im Winter wie Schneeschuhe. Sie sind auch unterseits stark behaart. Der Pirsch- und Lauerjäger kann sich so fast lautlos fortbewegen.

Der Gesichtssinn des Luchses ist zurecht sprichwörtlich. Den großen hellen Augen entgeht keine Bewegung. Auch in der Nacht können Luchse hervorragend sehen.

Nicht minder gut ist das Gehör der großen Katze. Eine wirklich überzeugende Erklärung für die markanten schwarzen Pinsel auf den Ohren hat bislang noch niemand geliefert.

Nur sehr wenige Katzenarten haben einen kurzen Schwanz. Beim Eurasischen Luchs misst er nur etwa 20 Zentimeter.

In der Regel ist der Backenbart bei männlichen Tieren stärker ausgeprägt als bei den Weibchen.

Verglichen mit einer Hauskatze ist ein Luchs mit einer Schulterhöhe von ca. 50 bis 70 Zentimetern ziemlich groß. Wir Mitteleuropäer sind daher mangels anderer Vergleiche geneigt, in ihm eine Großkatze zu sehen. Aber fragen Sie mal einen Südafrikaner oder einen Inder nach einer großen Katze. Die werden Ihnen Tierarten von ganz anderem Kaliber aufzählen. Ein Löwe erreicht eine Schulterhöhe von über einem Meter und wird bis zu zehnmal schwerer als ein Luchs. Die Unterfamilie der Großkatzen enthält tatsächlich nur wenige eng miteinander verwandte Arten. Zoologisch betrachtet ist der Luchs somit eine Kleinkatze – bestenfalls eine recht große Kleinkatze.

Allerdings eine erfolgreiche Kleinkatze mit einem Verbreitungsgebiet, das ursprünglich vom Polarkreis bis hinunter zum Mittelmeer reichte und weite Teile Asiens einschloss. Der Luchs ist eine Tierart der Wälder. Offene Landschaften liegen ihm nicht so sehr. Anders als beim Wolf, der auch heute noch viele Lebensräume neben dem Luchs bewohnt, ist der Körperbau des Luchses nicht für lange Verfolgungen oder Hetzjagden in weiten offenen Landschaften gemacht. Er ist vielmehr ein Pirsch- und Lauerjäger, der für die erfolgreiche Jagd die Deckung der Vegetation nutzt und braucht, denn er muss nah heran an seine Beutetiere, bevor er mit einem enorm kraftvollen Antritt und der mehr als beeindruckenden Sprungkraft den Angriff startet. Der Luchs nutzt den Überraschungseffekt und muss auf den ersten Metern der Jagd zum Ziel kommen. Auf der Langstrecke sind ihm seine Hauptbeutetiere deutlich überlegen. In vielen Gebieten sind das Feld- oder Schneehasen. In Mitteleuropa erbeuten Luchse überwiegend Rehe, die ihnen an Körpergröße und Gewicht ebenbürtig sind, aber auch junges Rotwild, das nicht selten zwei bis dreimal schwerer ist als der Luchs. Um erfolgreich sein zu können, muss die Jagdweise des Luchses daher sehr spezialisiert sein. Er tötet durch einen gezielten Biss in die Luftröhre, mit dem er das Opfer erstickt. Für eine einzige Mahlzeit ist seine Beute meist zu groß. Bis zu einer Woche kehren Luchse immer wieder zu einem erlegten Reh zurück, bis dieses vollständig konsumiert ist. Übrig bleiben nur die groben Knochen, das Fell und der Verdauungstrakt.

Wie die meisten Katzenarten leben auch Luchse einzelgängerisch. Männchen wie Weibchen besetzen Reviere, die sie gegenüber gleichgeschlechtlichen Artgenossen mit Urinmarkierungen abgrenzen und wenn nötig auch aggressiv verteidigen. Die Territorien der Männchen überlappen sich häufig mit denen von zwei bis drei Weibchen. Während der Paarungszeit zwischen Februar und April, sind die Männchen ständig in Bewegung, um Kontakt zu den Luchsinnen zu halten. Nach der Geburt der Jungtiere im Mai/ Juni beteiligen sie sich aber nicht an deren Aufzucht. Sieht man im Spätsommer oder Winter eine Gruppe von Luchsen, handelt es sich um ein Weibchen mit seinem Nachwuchs. Erst wenn gegen Ende des folgenden Winters das Gebiss der jungen Luchse vollständig entwickelt ist, trennt sich die Familiengruppe. Die Jungen müssen nun lernen, selbstständig Beute zu machen. Sie werden in den Territorien ihrer gleichgeschlechtlichen Artgenossen nicht mehr geduldet und stehen vor der Aufgabe, eigenen Lebensraum zu finden. Die Sterblichkeit junger Luchse ist hoch. Viele gehen bereits in ihrem ersten Lebensjahr an Infektionen ein oder verhungern später, wenn es ihnen nicht gelingt, große Beutetiere zur Strecke zu bringen. Der Fortpflanzungserfolg ist daher bei Luchsen viel niedriger als zum Beispiel bei Wölfen.

Vor vielen Jahren, kurz nach der Auswilderung der ersten Harz-Luchse telefonierte ich einmal mit einem Herrn, der mir davon berichtete, dass in seiner Umgebung zwei Luchse lebten: Ein sehr schlanker, rehbrauner und ein wesentlich stärkeres Exemplar, das grauweiß aussehe. Während er den ersten Luchs im Sommer gesehen habe, hätte er den zweiten bislang nur im Winter beobachten können.

Der Unterschied zwischen dem Sommer- und dem Winterfell ist bei Luchsen erheblich. Nicht nur die Farbe unterscheidet sich. Das Haarkleid ist im Winter wesentlich länger. Dasselbe Tier wirkt plötzlich beinahe doppelt so kräftig. Der dichte Winterpelz isoliert hervorragend gegen die Kälte. In einem Gehege habe ich Luchse einmal bei Minus fünf Grad vollkommen entspannt auf dem Metalldach ihrer Schutzhütte liegen sehen.

Der Winter ist keinesfalls eine harte Zeit für die großen Katzen. Wenn die meisten ihrer Beutetiere durch den Schnee gehandicapt sind, kommt der Luchs leichter zum Jagderfolg.

Danksagung

Meike Hullen leitete viele Jahre lang den Nationalpark-Fachbereich Forschung und Dokumentation. Später war sie bis zu ihrer Pensionierung für die Öffentlichkeitsarbeit des Parks zuständig. Ihr habe ich es zu verdanken, dass ich überhaupt eine Chance bekam, im Luchsprojekt mitzuwirken. Dank ihrem Vertrauen und ihrer Loyalität in manch schwieriger Situation in den ersten Projektjahren bin ich immer noch dabei. Vor einigen inhaltlichen Fehlern im Text dieses Buches konnte sie mich bewahren. Sollte es weitere geben, bin ich daran ganz allein schuld.

Der Zuspruch und die Tipps der Wildtierfotografen Jürgen Borris, Sebastian Kennerknecht und Uwe Anders haben mich ermutigt, aus meinen Foto-Experimenten tatsächlich ein Buch zu machen. Danke! Ich bewundere eure Arbeiten.

Niemand hat mehr Geschick die Luchse im Nationalpark-Luchsgehege vor die Kamera zu bringen, als Bernd Gutjahr und vor ihm Ralf Vojtisek. Hut ab! Einige Fotos wären ohne euch nicht möglich gewesen.

Nicht zuletzt gilt mein Dank den vielen Kolleginnen und Kollegen, mit denen ich seit vielen Jahren zusammenarbeiten darf. Und er gilt den Jägerinnen und Jägern, den Försterinnen und Förstern, den Waldbesucherinnen und Waldbesuchern, die mit wachen Augen durch die Natur gehen und manchen wertvollen Hinweis auf den Luchs liefern.

Ohne Tomma wäre dieses Buch niemals fertig geworden. Sie hat mir den Rücken freigehalten und mich davor bewahrt, im Chaos zu versinken. Ich danke ihr für alles, vor allem aber für ihre Geduld und dafür, dass gerechte Kritik niemals schlimmer wurde, als es eine hochgezogene Augenbraue auszudrücken vermag.

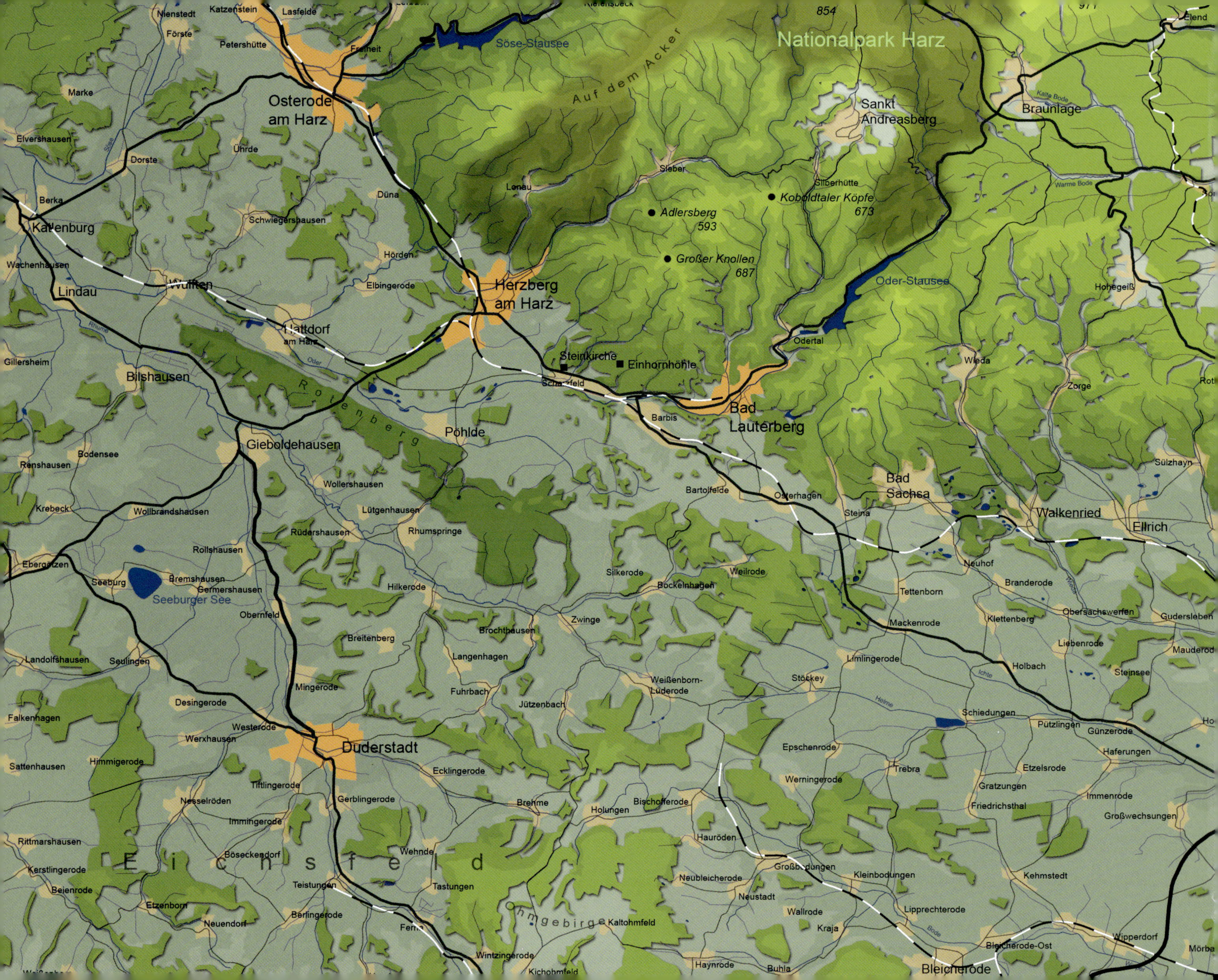

Nienstedt
Katzenstein
Lasfelde
854
Elend
Förste
Petershütte
Freiheit
Söse-Stausee
Nationalpark Harz
Marke
Osterode
am Harz
Auf dem Acker
Sankt
Andreasberg
Braunlage
Kalte Bode
Elvershausen
Uehrde
Dorste
Sieber
Silberhütte
Warme Bode
Berka
Düna
Lonau
Koboldtaler Köpfe
673
Adlersberg
593
Katlenburg
Schwiegershausen
Wachenhausen
Hörden
Großer Knollen
687
Lindau
Wulften
Elbingerode
Herzberg
am Harz
Oder-Stausee
Hohegeiß
Hattorf
am Harz
Rhume
Oder
Odertal
Gillersheim
Steinkirche
Einhornhöhle
Wieda
Bilshausen
Scharzfeld
Zorge
Rotenberg
Barbis
Bad
Lauterberg
Pöhlde
Gieboldehausen
Bodensee
Renshausen
Wollershausen
Sülzhayn
Bartolfelde
Osterhagen
Bad
Sachsa
Krebeck
Wollbrandshausen
Lütgenhausen
Steina
Walkenried
Ellrich
Rüdershausen
Rhumspringe
Rollshausen
Ebergötzen
Neuhof
Seeburg
Bremshausen
Germershausen
Silkerode
Weilrode
Bockelnhagen
Branderode
Seeburger See
Hilkerode
Tettenborn
Obernfeld
Zwinge
Mackenrode
Klettenberg
Obersachswerfen
Gudersleben
Brochthausen
Breitenberg
Liebenrode
Mauderode
Landolfshausen
Seulingen
Langenhagen
Limlingerode
Holbach
Steinsee
Ichte
Weißenborn-
Lüderode
Stöckey
Mingerode
Fuhrbach
Desingerode
Jützenbach
Helme
Schiedungen
Falkenhagen
Pützlingen
Günzerode
Westerode
Werxhausen
Duderstadt
Epschenrode
Haferungen
Sattenhausen
Himmigerode
Ecklingerode
Trebra
Etzelsrode
Tiftlingerode
Werningerode
Gratzungen
Nesselröden
Gerblingerode
Brehme
Bischofferode
Immenrode
Friedrichsthal
Immingerode
Holungen
Großwechsungen
Rittmarshausen
Hauröden
Wehnde
Eichsfeld
Böseckendorf
Großbodungen
Kerstlingerode
Kleinbodungen
Kehmstedt
Neubleicherode
Beienrode
Teistungen
Tastungen
Neustadt
Etzenborn
Wallrode
Lipprechterode
Berlingerode
Ohmgebirge
Kaltohmfeld
Neuendorf
Kraja
Bode
Wipperdorf
Ferna
Bleicherode-Ost
Wintzingerode
Haynrode
Buhla
Bleicherode
Kirchohmfeld